Guida alla Coltivazione della Skimmia

Impara cosa fare bene per coltivare incantevoli Skimmia

A. Duller

Lisa Shardon

Guida alla Coltivazione della Skimmia

Introduzione

La **Skimmia** è una pianta ornamentale
appartenente alla famiglia delle Rutaceae,
originaria principalmente delle regioni
asiatiche, in particolare del Giappone, della
Cina e del Sud-est asiatico. Nota per la sua
bellezza e resistenza, questa pianta viene
coltivata nei giardini per il suo fogliame verde
intenso, le infiorescenze profumate e le
bacche rosse vivaci che la rendono
particolarmente attraente durante i mesi
invernali, quando molte altre piante si
spogliano. La Skimmia è una pianta che, con
le giuste cure, può diventare una presenza
duratura e di grande effetto in giardini,
terrazzi e balconi.

Di seguito, ti guiderò in un approfondimento
sui principali aspetti legati alla **Skimmia**,
dalle sue caratteristiche specifiche alla scelta
della varietà più adatta, fino ai consigli per
garantirle la giusta esposizione alla luce e una
collocazione ideale.

Capitolo 1: Caratteristiche della Pianta

La **Skimmia** è un arbusto sempreverde che può variare in altezza dai 30 cm fino a oltre un metro, a seconda della varietà e delle condizioni di crescita. Di seguito, vediamo più nel dettaglio le caratteristiche principali di questa pianta:

1. **Foglie**: Le foglie della Skimmia sono di un verde intenso, lanceolate o ellittiche, con margini lisci e una consistenza leggermente coriacea. Spesso sono lucide e emanano un aroma leggero se strofinate, dovuto alla presenza di oli essenziali. La disposizione delle foglie è alternata, e la loro tonalità può variare leggermente a seconda della varietà.

2. **Fiori**: La Skimmia produce fiori molto profumati, generalmente di colore bianco o rosa pallido. La fioritura avviene principalmente in primavera, anche se alcune varietà possono fiorire in autunno. I fiori sono raccolti in infiorescenze a pannocchia, dando

alla pianta un aspetto elegante e delicato. Sono piccoli, ma molto numerosi, e tendono ad attirare insetti impollinatori, contribuendo così alla biodiversità del giardino.

3. **Frutti**: Una delle caratteristiche distintive della Skimmia è la produzione di bacche rosse, che si sviluppano dopo la fioritura (solo nelle piante femminili) e rimangono visibili per tutto l'inverno. Questi frutti non sono commestibili per l'uomo, ma aggiungono un notevole valore ornamentale alla pianta, contrastando piacevolmente con il fogliame scuro. Le bacche richiedono che la pianta abbia vicino un esemplare maschile per garantire l'impollinazione e la produzione di frutti.

4. **Portamento**: La Skimmia ha un portamento compatto e cespuglioso, il che la rende ideale per la coltivazione in vaso o per la creazione di bordure. La sua crescita è lenta, ma tende a diventare densa e robusta con il tempo. Non necessita di potature frequenti, se non per mantenere una forma

ordinata.

5. **Longevità e Resistenza**: La Skimmia è una pianta molto longeva e resistente, che può adattarsi a diverse condizioni climatiche e ambientali. Grazie alla sua resistenza alle basse temperature, è particolarmente adatta ai climi temperati e sopporta bene anche gelate occasionali, purché non eccessivamente prolungate.

###: Scelta della Varietà di Skimmia

La scelta della varietà di Skimmia dipende in gran parte dalle esigenze estetiche e dalle condizioni del giardino. Esistono diverse varietà di Skimmia, ognuna con caratteristiche uniche in termini di altezza, portamento, colore delle bacche e fioritura.

1. **Skimmia japonica 'Rubella'**: Questa è forse la varietà più comune e coltivata, apprezzata per la sua fioritura rosata che

precede l'apertura dei fiori bianchi. Le infiorescenze sono molto decorative anche durante l'inverno, grazie ai boccioli rossi che risaltano tra il fogliame verde scuro. La 'Rubella' è una varietà maschile e, quindi, non produce bacche, ma è ideale per garantire l'impollinazione di altre varietà femminili.

2. **Skimmia japonica 'Nymans'**: Questa varietà è femminile e produce abbondanti bacche rosse che rimangono sulla pianta per molti mesi. Necessita della presenza di una pianta maschile vicina per la fruttificazione, ma è molto amata per il suo aspetto ornamentale, soprattutto in inverno.

3. **Skimmia reevesiana**: È una varietà più compatta rispetto alla Skimmia japonica e può raggiungere al massimo 50-60 cm di altezza. È una delle poche varietà di Skimmia autofertili, quindi è in grado di produrre bacche anche senza la presenza di una pianta maschile. È particolarmente adatta per la coltivazione in vaso.

4. **Skimmia japonica 'Fragrans'**: Questa varietà si distingue per la sua fioritura particolarmente profumata, che aggiunge una nota olfattiva intensa al giardino durante la primavera. Come la 'Rubella', è una pianta maschile e, quindi, non produce bacche, ma è molto utile per l'impollinazione di altre varietà.

5. **Skimmia japonica 'Veitchii'**: Questa è una varietà femminile che si caratterizza per la produzione di bacche rosse particolarmente abbondanti e durature. È una pianta compatta e ordinata, ideale per piccoli giardini o bordure. Anche in questo caso, è necessario un esemplare maschile nelle vicinanze per garantire l'impollinazione.

###: Posizione e Illuminazione

La Skimmia è una pianta versatile, ma per

garantire una crescita rigogliosa e una produzione abbondante di fiori e bacche, è importante scegliere con cura la sua collocazione nel giardino e considerare le esigenze di esposizione alla luce.

1. **Esposizione alla luce**: La Skimmia preferisce posizioni semiombreggiate o ombreggiate, ed è particolarmente indicata per le aree del giardino dove altre piante potrebbero non prosperare. Non ama l'esposizione diretta al sole per molte ore consecutive, soprattutto nelle stagioni calde, poiché le foglie potrebbero bruciarsi e la pianta soffrire di stress idrico. Una luce indiretta e morbida è ideale per mantenere le foglie verdi e sane e favorire la fioritura.

2. **Protezione dal vento**: La Skimmia, essendo una pianta robusta, tollera bene il freddo, ma è consigliabile piantarla in una zona riparata dai venti forti, che potrebbero danneggiare i boccioli fiorali o le bacche, soprattutto durante l'inverno. Un angolo protetto del giardino, magari vicino a una

siepe o a un muro, è una buona scelta.

3. **Coltivazione in vaso o in piena terra**:
La Skimmia può essere coltivata sia in vaso
sia in piena terra. In entrambi i casi, è
importante garantirle un terreno ben drenato e
ricco di materia organica, preferibilmente con
un pH leggermente acido o neutro. La
coltivazione in vaso è particolarmente indicata
se si desidera spostare la pianta per
proteggerla dalle gelate più intense.

4. **Terreno**: Sebbene la Skimmia sia
piuttosto tollerante, preferisce terreni
leggermente acidi, simili a quelli amati dalle
piante acidofile come le azalee o le camelie.
Se coltivata in terreni troppo calcarei, la
Skimmia può soffrire di clorosi, una
condizione che provoca l'ingiallimento delle
foglie. È quindi utile arricchire il terreno con
torba o altri materiali acidificanti al momento
della messa a dimora.

5. **Irrigazione**: La Skimmia ha esigenze

idriche moderate. Nei periodi caldi, è
necessario irrigarla con una certa regolarità,
assicurandosi che il terreno rimanga umido ma
non fradicio, poiché ristagni d'acqua possono
causare marciume radicale. Durante l'inverno,
le annaffiature possono essere ridotte, poiché
la pianta entra in una fase di riposo vegetativo.

La Skimmia è una pianta che, con le giuste
cure, può arricchire notevolmente un giardino
o un terrazzo. Grazie alla sua resistenza e alla
bellezza delle bacche e dei fiori, questa pianta
può rimanere un elemento decorativo costante
per tutto l'anno.

Capitolo 2: Tipo di Terreno e Preparazione

La **Skimmia** è una pianta che prospera in terreni particolarmente ricchi di materia organica e con un pH leggermente acido o neutro. Tuttavia, come per molte piante da giardino, una preparazione adeguata del terreno prima della messa a dimora è essenziale per garantirne una crescita sana e rigogliosa. Inoltre, la Skimmia è nota per la sua preferenza verso terreni ben drenati, in quanto è sensibile ai ristagni d'acqua che possono compromettere il suo apparato radicale.

1. **Caratteristiche Ideali del Terreno**

La Skimmia ha esigenze specifiche per quanto riguarda il suolo in cui cresce, che possono essere soddisfatte con una preparazione mirata:

- **pH del Terreno**: Questa pianta predilige un terreno con un pH leggermente acido o neutro, ideale per le piante acidofile. Un pH compreso tra 5.5 e 6.5 è perfetto per la Skimmia, che in queste condizioni assorbe i nutrienti in modo ottimale. Se il terreno è troppo alcalino, infatti, la pianta può sviluppare clorosi, una condizione che causa l'ingiallimento delle foglie a causa della carenza di ferro. Per mantenere il terreno acido, si possono aggiungere sostanze come la torba o materiali organici come aghi di pino, foglie decomposte o compost maturo.

- **Struttura del Suolo**: La Skimmia preferisce un terreno ben drenato e soffice, che permetta all'acqua di scorrere liberamente senza ristagni. I terreni troppo argillosi e compatti rischiano di trattenere troppa umidità, aumentando il rischio di marciume radicale. In questi casi, è consigliabile migliorare la struttura del suolo mescolando sabbia grossolana, ghiaia o perlite al terreno esistente, creando così una miscela più leggera e drenante.

- **Composizione Organica**: Un terreno ricco di materia organica è fondamentale per la crescita della Skimmia. Compost maturo, humus di lombrico o letame ben decomposto arricchiscono il suolo con elementi nutrienti e migliorano la capacità del terreno di trattenere l'umidità. Questo tipo di arricchimento aiuta la pianta a sviluppare un apparato radicale più robusto, che favorisce la fioritura e la produzione di bacche.

- **Aerazione e Lavorazione del Suolo**: Prima di piantare la Skimmia, è importante lavorare bene il terreno fino a una profondità di circa 30 cm. Quest'operazione non solo migliora la permeabilità del terreno, ma favorisce anche l'aerazione delle radici, essenziale per una pianta che rimane in un punto per anni. L'aerazione può essere ulteriormente garantita aggiungendo materiali come corteccia sminuzzata o argilla espansa al substrato, che rendono il terreno più soffice.

2. **Preparazione del Suolo per la Messa a Dimora**

Prima della piantagione, preparare adeguatamente il suolo è cruciale per garantire una crescita ottimale della Skimmia:

- **Rimozione delle Erbacce**: La Skimmia non ama competere per i nutrienti con altre piante infestanti. Prima della piantagione, eliminare tutte le erbacce e rimuovere eventuali radici di piante infestanti. Si consiglia di utilizzare tecniche di diserbo manuale o pacciamatura, evitando l'uso di erbicidi chimici che possono impoverire il suolo.

- **Aggiunta di Materiali Correttivi**: Se il terreno è alcalino, aggiungere torba acida o compost di aghi di pino per abbassarne il pH. In alternativa, il terreno può essere trattato con fertilizzanti a base di solfato di ferro, utili per correggere il pH e arricchire il terreno con microelementi come il ferro, fondamentale per evitare la clorosi.

- **Compost e Concimazione Organica**: La Skimmia ha bisogno di un terreno ricco di materia organica per prosperare. Incorporare compost maturo o letame ben decomposto durante la preparazione del terreno aumenta la disponibilità di nutrienti e migliora la struttura del suolo. È consigliabile utilizzare circa 3-5 kg di compost per metro quadro di superficie.

- **Drenaggio**: In presenza di un terreno argilloso o poco drenante, è utile creare uno strato di drenaggio sul fondo della buca di piantagione. Un mix di sabbia grossolana, ghiaia o argilla espansa distribuito sul fondo della buca, a una profondità di 10-15 cm, aiuta a migliorare il drenaggio e a prevenire i ristagni d'acqua.

3. **Irrigazione e Umidità**

La Skimmia ha esigenze idriche moderate, ma costanti. Essendo una pianta originaria di zone fresche e umide, la Skimmia beneficia di un apporto regolare di acqua, specialmente durante i mesi più caldi.

- **Annaffiature Regolari**: Durante la primavera e l'estate, la Skimmia richiede un'irrigazione regolare per mantenere il terreno umido ma non fradicio. È importante evitare i ristagni, quindi irrigare solo quando il terreno in superficie risulta asciutto. In autunno e in inverno, le annaffiature devono essere ridotte, poiché la pianta entra in una fase di riposo vegetativo.

- **Metodo di Irrigazione**: L'irrigazione a livello del suolo è preferibile per evitare che l'acqua si accumuli sulle foglie, riducendo il rischio di malattie fungine. Si consiglia di utilizzare un sistema a goccia o di annaffiare direttamente alla base della pianta, mantenendo le foglie asciutte. In vaso, assicurarsi che l'acqua possa defluire facilmente dai fori di drenaggio.

- **Umidità Ambientale**: La Skimmia beneficia di un ambiente umido, tipico delle zone boschive da cui proviene. In estate o nei climi particolarmente secchi, può essere utile aumentare l'umidità intorno alla pianta con nebulizzazioni occasionali o posizionando contenitori d'acqua nelle vicinanze.

4. **Concimazione**

La Skimmia è una pianta che, per dare il meglio in termini di fioritura e produzione di bacche, richiede un apporto regolare di nutrienti. La concimazione regolare permette alla pianta di sviluppare un fogliame più rigoglioso e di produrre fiori e frutti più abbondanti.

- **Concimazione Primaverile**: All'inizio della primavera, è utile fornire un concime a lento rilascio specifico per piante acidofile. Questo tipo di concime arricchisce il terreno con azoto, fosforo e potassio, elementi essenziali per la crescita vegetativa e la formazione dei fiori. Si consiglia di applicare circa 50-100 grammi di fertilizzante per ogni metro quadro, distribuendolo intorno alla base della pianta e incorporandolo leggermente al suolo.

- **Concimazione Estiva**: Durante l'estate, la Skimmia beneficia di una seconda somministrazione di concime, preferibilmente un fertilizzante ricco di potassio, che favorisce la produzione delle bacche. È possibile utilizzare anche concimi liquidi diluiti, somministrati ogni 15 giorni insieme all'acqua di irrigazione. Il potassio, in particolare, rafforza i tessuti della pianta e migliora la resistenza alle malattie e agli stress climatici.

- **Microelementi**: La Skimmia può soffrire di carenze di ferro e magnesio, soprattutto in terreni alcalini. Per prevenire o trattare queste carenze, è utile somministrare chelati di ferro durante la primavera e l'autunno. Il ferro, infatti, è essenziale per mantenere il colore verde intenso delle foglie e prevenire la clorosi.

- **Concimazione Autunnale**: In autunno, prima che la pianta entri nella fase di riposo, si può somministrare un concime ricco di fosforo e potassio, ma con basso contenuto di azoto. Questa concimazione prepara la pianta all'inverno, rafforzando l'apparato radicale e migliorando la resistenza alle basse temperature. Il fosforo, inoltre, contribuisce alla formazione di nuove radici, mentre il potassio aumenta la tolleranza al freddo.

- **Materiale Organico**: La Skimmia trae beneficio anche dall'apporto di materiale organico come compost o humus di lombrico, che può essere distribuito intorno alla base della pianta in uno strato di 2-3 cm. Questa pratica contribuisce ad arricchire il suolo di microelementi e a migliorare la struttura del terreno, aumentando la capacità di trattenere l'umidità durante l'estate e proteggendo le radici dal freddo invernale.

Questi accorgimenti su terreno, irrigazione e concimazione permetteranno alla Skimmia di prosperare, garantendo una pianta sana e rigogliosa in tutte le stagioni.

Capitolo 3: Potatura e Manutenzione della Skimmia

La Skimmia è una pianta ornamentale resistente e duratura, che richiede un livello moderato di manutenzione per prosperare al meglio. Una corretta potatura e una manutenzione regolare sono essenziali per mantenere questa pianta sana, favorire la fioritura e, nelle varietà femminili, ottenere una produzione di bacche rotonde e vivaci. Inoltre, per mantenere la Skimmia al meglio delle sue possibilità, è utile conoscere le tecniche di propagazione e comprendere come prevenire e trattare le malattie e i parassiti più comuni che possono colpirla.

Potatura della Skimmia

La Skimmia è una pianta che, di per sé, non richiede potature particolarmente intensive. Tuttavia, alcune pratiche di potatura leggera possono aiutare a mantenerla in forma, favorendo una crescita sana e rigogliosa e migliorando la distribuzione della luce e dell'aria all'interno della pianta.

1. **Tempistiche della Potatura**: La potatura della Skimmia dovrebbe essere eseguita preferibilmente dopo la fioritura, che avviene in primavera. In questo modo, si evita di rimuovere boccioli fiorali ancora in fase di sviluppo, garantendo così una fioritura abbondante e una conseguente produzione di bacche sulle varietà femminili. Per quanto riguarda le potature di forma o per rimuovere parti danneggiate, queste possono essere effettuate anche in autunno.

2. **Potatura di Sviluppo e Forma**: Sebbene la Skimmia abbia un portamento naturalmente compatto e ordinato, una potatura leggera può aiutare a mantenere la forma desiderata, soprattutto se la pianta è coltivata in vaso o come parte di una siepe. Questa potatura dovrebbe essere mirata a rimuovere i rami che sporgono eccessivamente o che compromettono la simmetria della pianta. È

consigliabile utilizzare forbici da potatura affilate e pulite per eseguire tagli netti, riducendo così il rischio di infezioni.

3. **Potatura di Rimozione e Sfoltimento**: La Skimmia può talvolta sviluppare un fogliame eccessivamente denso che ostacola la circolazione dell'aria tra i rami. Questo ambiente poco ventilato può favorire l'insorgenza di malattie fungine. Pertanto, è utile sfoltire la pianta rimuovendo i rami più interni e deboli per permettere una maggiore esposizione alla luce e una migliore ventilazione. Questo tipo di potatura di sfoltimento può essere effettuato ogni due anni o quando la pianta appare particolarmente densa.

4. **Rimozione delle Parti Danneggiate**: Durante l'anno, è possibile che la Skimmia sviluppi alcune parti danneggiate a causa di condizioni climatiche avverse, attacchi di parassiti o malattie. È importante rimuovere tempestivamente le foglie secche, ingiallite o danneggiate, così come i rami secchi, spezzati

o marci. Queste parti della pianta non solo compromettono l'estetica della Skimmia, ma possono diventare focolai di infezioni e parassiti. Anche in questo caso, è essenziale utilizzare strumenti sterilizzati per evitare di trasmettere eventuali patogeni alla pianta.

5. **Pulizia del Sottobosco**: La Skimmia, specialmente quando coltivata in piena terra, può accumulare foglie cadute e detriti vegetali alla base, creando un ambiente favorevole alla proliferazione di funghi e altri organismi patogeni. È utile, quindi, mantenere la base della pianta pulita, rimuovendo le foglie secche e i residui vegetali. Questa pratica, oltre a migliorare l'aspetto estetico, riduce anche il rischio di malattie.

Propagazione della Skimmia

La Skimmia può essere propagata tramite diverse tecniche, tra cui la semina, la talea e la divisione. La scelta del metodo di propagazione dipende dalle preferenze del giardiniere e dalla disponibilità di materiale vegetale. Ogni metodo ha i suoi vantaggi e richiede specifiche cure per assicurare una propagazione efficace.

1. **Propagazione per Talea**: La propagazione tramite talea è uno dei metodi più utilizzati per moltiplicare la Skimmia, in quanto permette di ottenere piante con caratteristiche identiche alla pianta madre. Questo metodo è particolarmente indicato per chi desidera mantenere le caratteristiche decorative di una varietà specifica.

   - **Periodo Ideale**: Il momento migliore per prelevare le talee è a fine estate o all'inizio dell'autunno. Questo periodo è ideale poiché la pianta ha concluso il ciclo di fioritura e ha accumulato energie sufficienti per sostenere la radicazione.

   - **Preparazione delle Talee**: Le talee di Skimmia devono essere semi-legnose, ovvero prelevate da rami giovani ma già parzialmente lignificati. È consigliabile prelevare sezioni lunghe circa 10-15 cm, rimuovendo le foglie basali e mantenendo solo quelle più vicine all'apice.

- **Trattamento e Messa a Dimora**: Per favorire la radicazione, le talee possono essere immerse in un ormone radicante prima di essere piantate in un substrato leggero e ben drenato. La miscela ideale per le talee di Skimmia è composta da torba e sabbia in parti uguali. Il vaso con le talee deve essere mantenuto in un ambiente ombreggiato e umido, a una temperatura compresa tra 15°C e 20°C.

- **Cure Post-Impianto**: Una volta radicate, le talee possono essere trapiantate in singoli vasi e mantenute in condizioni protette per tutto l'inverno. In primavera, le nuove piante di Skimmia potranno essere trapiantate in giardino o in vasi più grandi.

2. **Propagazione per Semi**: La propagazione tramite semi è una tecnica più

lenta, ma permette di ottenere nuove piante con una variabilità genetica maggiore. Questo metodo è consigliato a chi desidera sperimentare nuove caratteristiche o ottenere piante più resistenti.

- **Raccolta dei Semi**: I semi di Skimmia possono essere raccolti dalle bacche mature in autunno. È importante rimuovere la polpa delle bacche e lavare i semi per evitare la proliferazione di muffe durante la conservazione.

- **Trattamento dei Semi**: I semi della Skimmia beneficiano di una stratificazione fredda prima della semina, per simulare il periodo invernale. Questo processo può essere eseguito conservando i semi in frigorifero per circa 6-8 settimane.

- **Semina e Germinazione**: Dopo la stratificazione, i semi possono essere piantati in un substrato soffice e mantenuti a una temperatura di circa 15°C. La germinazione può richiedere diversi mesi, quindi è necessario avere pazienza. Una volta germogliati, le giovani piante devono essere trapiantate in vasi singoli.

3. **Propagazione per Divisione**: La divisione è un metodo rapido per ottenere nuove piante di Skimmia, ma è adatto solo a piante mature che hanno sviluppato una struttura radicata ampia.

- **Procedura di Divisione**: La pianta madre deve essere estratta dal terreno con attenzione, per non danneggiare le radici. La massa radicale può essere divisa in due o più parti, assicurandosi che ciascuna sezione abbia radici ben sviluppate e una porzione di chioma sana.

- **Messa a Dimora delle Divisioni**: Le sezioni divise possono essere ripiantate immediatamente in terriccio arricchito con compost. La divisione della Skimmia dovrebbe essere eseguita in autunno o all'inizio della primavera, per favorire il recupero e la radicazione.

Malattie e Parassiti Comuni

La Skimmia è una pianta generalmente resistente, ma può essere soggetta a diverse malattie e attacchi di parassiti, che possono compromettere la salute e l'aspetto della pianta.

1. **Clorosi Ferrica**: La clorosi ferrica è una condizione molto comune nelle piante acidofile come la Skimmia. Questa patologia si manifesta con l'ingiallimento delle foglie, dovuto alla carenza di ferro, generalmente causata da un pH troppo alcalino del terreno.

   - **Sintomi**: Ingiallimento delle foglie, che interessa soprattutto le nervature principali. Le foglie più giovani sono le prime a mostrare i sintomi.

- **Prevenzione e Cura**: Mantenere il pH del terreno leggermente acido e somministrare chelati di ferro può prevenire o risolvere il problema. Si consiglia di utilizzare fertilizzanti specifici per piante acidofile e di arricchire il terreno con

materiale organico acido, come la torba.

2. **Oidio**: L'oidio è una malattia fungina che si manifesta con una polvere bianca sulle foglie e sui germogli. Questo fungo è favorito da condizioni di umidità elevata e scarsa ventilazione.

- **Sintomi**: Macchie bianche polverose sulle foglie e sui germogli. Le foglie infette possono seccarsi e cadere.

- **Prevenzione e Cura**: È utile mantenere la pianta in una posizione ben ventilata e evitare irrigazioni sulle foglie. In caso di infezione, si possono utilizzare fungicidi specifici o trattamenti a base di zolfo.

3. **Afidi**: Gli afidi sono piccoli insetti succhiatori che si nutrono della linfa della Skimmia, causando deformazioni fogliari e la comparsa di melata, che può attirare ulteriori parassiti.

  - **Sintomi**: Presenza di piccoli insetti verdi, neri o gialli sulle foglie e sui germogli. Foglie accartocciate e presenza di melata appiccicosa.

- **Prevenzione e Cura**: Si consiglia di controllare regolarmente la pianta e rimuovere eventuali infestazioni manualmente o con insetticidi naturali come l'olio di neem. In caso di infestazioni gravi, utilizzare prodotti specifici contro gli afidi.

Capitolo 4: Uso Ornamentale e Paesaggistico della Skimmia

La **Skimmia** è una pianta ornamentale particolarmente apprezzata per le sue caratteristiche estetiche e per la sua capacità di adattarsi a vari contesti paesaggistici. Originaria delle zone montuose dell'Asia orientale, si è diffusa nei giardini di tutto il mondo grazie alla bellezza del suo fogliame sempreverde, alla vivacità dei suoi frutti rossi e alla delicatezza delle sue infiorescenze primaverili. La Skimmia trova ampio utilizzo in giardini, terrazzi e anche all'interno di composizioni floreali grazie alla sua rusticità e resistenza, che la rendono ideale per numerosi progetti di arredo vegetale.

Questo capitolo esplora in modo approfondito le modalità con cui la Skimmia può essere utilizzata in contesti ornamentali e paesaggistici, i benefici di inserirla in diverse composizioni e alcuni suggerimenti pratici per valorizzarla al meglio in qualsiasi tipo di giardino.

1. Caratteristiche Ornamentali della Skimmia

La Skimmia è una pianta dall'elevato valore ornamentale, che si distingue per una serie di caratteristiche che la rendono attraente tutto l'anno. Le foglie coriacee, lucide e di un verde intenso forniscono una piacevole tonalità di fondo nei giardini, mentre i fiori e i frutti aggiungono un tocco di colore e vivacità, particolarmente prezioso nelle stagioni più fredde.

- **Foglie**: Le foglie della Skimmia sono lanceolate, coriacee e sempreverdi, mantenendo il loro colore verde scuro anche nei mesi invernali. Alcune varietà presentano sfumature rossastre o bronzate ai margini, che aggiungono un ulteriore valore estetico.

- **Fiori**: La fioritura della Skimmia avviene in primavera, con piccoli fiori bianchi o rosati raccolti in infiorescenze a grappolo. I fiori, pur non essendo molto grandi, creano un effetto delicato e decorativo, con un profumo leggero che attira insetti impollinatori.

- **Frutti**: Le varietà femminili producono bacche rosse lucenti, che persistono a lungo sulla pianta, offrendo un colore vivo e brillante che contrasta con il fogliame verde intenso. Questi frutti, visibili durante l'autunno e l'inverno, rendono la Skimmia particolarmente attraente come pianta ornamentale nei mesi freddi.

2. Impieghi nel Giardino e Composizioni Paesaggistiche

La Skimmia è una pianta estremamente versatile che si adatta a diverse composizioni e progetti di giardino. Grazie alle sue dimensioni contenute e al suo portamento compatto, la Skimmia è perfetta sia per giardini piccoli che per ampi spazi verdi.

- **Giardini a Bassa Manutenzione**: La Skimmia è ideale per giardini a bassa manutenzione grazie alla sua resistenza e alla capacità di adattarsi a condizioni di luce moderata. Essendo una pianta che non richiede potature frequenti e si adatta bene a vari tipi di terreno, è perfetta per coloro che desiderano un giardino esteticamente gradevole senza troppi interventi di cura.

- **Aiuole e Bordure**: La Skimmia è spesso utilizzata come pianta da bordura o per creare aiuole ombreggiate. In queste composizioni, il suo fogliame denso e sempreverde crea una base visiva stabile che può essere arricchita da piante da fiore stagionali. La Skimmia può essere piantata in file ordinate per formare bordure oppure in gruppi per un effetto di "macchie" di colore in giardino.

- **Giardini Invernali**: Essendo una pianta ornamentale che mantiene il suo fascino anche nei mesi freddi, la Skimmia è una scelta eccellente per i giardini invernali. Le bacche rosse persistenti creano punti di colore che risaltano nel contesto invernale, dove il verde del fogliame e il rosso dei frutti creano un contrasto unico con eventuali altre piante sempreverdi o spogliate.

- **Giardini in Stile Giapponese**: La Skimmia è una pianta nativa dell'Asia e si inserisce perfettamente nei giardini di ispirazione giapponese, accanto a specie come l'acero giapponese e il bambù. La Skimmia contribuisce a creare un'atmosfera di tranquillità e armonia, tipica dei giardini orientali, dove può essere associata a pietre, ghiaia e acqua per un effetto suggestivo e rilassante.

- **Composizioni in Vaso per Terrazzi e Balconi**: La Skimmia si adatta bene alla coltivazione in vaso, rendendola una scelta interessante anche per balconi e terrazzi. In vaso, questa pianta mantiene la sua compattezza e può essere accostata a eriche o ciclamini per composizioni autunnali e invernali che abbelliscono gli spazi esterni anche durante i mesi più freddi.

3. Abbinamenti e Accostamenti con Altre Piante

Per valorizzare al massimo l'aspetto della Skimmia, è consigliabile abbinarla a piante che possano enfatizzarne il colore e il portamento. Gli accostamenti migliori sono quelli che giocano sui contrasti cromatici o sulle simmetrie di forma e struttura.

- **Erica e Calluna**: L'erica e la calluna sono perfetti abbinamenti per la Skimmia nelle composizioni invernali. Entrambe queste piante condividono le esigenze di terreno acido e sono resistenti alle basse temperature, rendendole ideali per formare gruppi cromatici tra fogliame verde intenso e fiori rosa-viola.

- **Azalee e Rododendri**: Questi arbusti acidofili si integrano bene con la Skimmia, contribuendo a creare un giardino ricco di colori e texture diverse. In primavera, le azalee e i rododendri offrono una fioritura spettacolare che si abbina perfettamente alla struttura sempreverde della Skimmia, mentre in inverno la Skimmia mantiene un ruolo ornamentale prominente con i suoi frutti.

- **Heuchera**: Le Heuchere, con il loro fogliame dai colori variabili tra verde, rosso e bronzo, offrono un interessante contrasto di tonalità accanto alla Skimmia. Questo accostamento è ideale per composizioni in vaso e bordure decorative.

- **Graminacee Ornamentali**: Le graminacee ornamentali, come la festuca o la carex, possono essere piantate accanto alla Skimmia per creare contrasto e movimento. La struttura sottile e morbida delle graminacee, accostata al fogliame denso della Skimmia, crea un effetto dinamico e moderno.

- **Buxus (Bosso)**: La Skimmia può essere associata anche al bosso, una pianta sempreverde dall'aspetto ordinato e geometrico. Questo accostamento è perfetto per i giardini formali o per creare angoli simmetrici, dove il verde uniforme del bosso contrasta con la vivacità delle bacche della Skimmia.

Conclusioni e Consigli Finali

La Skimmia è una pianta ornamentale di grande valore per la sua resistenza, il suo aspetto elegante e la sua adattabilità a diversi contesti paesaggistici. Per sfruttarla al meglio, è importante ricordare alcune linee guida fondamentali:

- **Scegliere la Giusta Posizione**: La Skimmia cresce bene in posizioni semi-ombreggiate, preferibilmente con esposizione a nord o a est. Un'eccessiva esposizione al sole diretto può danneggiarne il fogliame, mentre in ombra completa potrebbe produrre meno fiori e frutti. Collocarla in un'area che riceve luce indiretta o ombra parziale garantirà un aspetto sano e rigoglioso.

- **Curare il Tipo di Terreno**: Essendo una pianta acidofila, la Skimmia necessita di un terreno con pH acido o neutro, ben drenato e ricco di materia organica. L'aggiunta di compost o torba acida al terreno può migliorare le condizioni per la crescita della pianta, prevenendo problemi come la clorosi ferrica.

- **Eseguire una Manutenzione Costante**: Anche se la Skimmia non richiede cure intensive, è utile monitorarne la crescita e intervenire con una potatura leggera quando necessario. Inoltre, l'uso di fertilizzanti specifici per piante acidofile

durante la stagione vegetativa favorirà la fioritura e la produzione di bacche.

- **Prevenire e Curare le Malattie**: Pur essendo una pianta robusta, la Skimmia può essere soggetta a clorosi, oidio e attacchi di afidi. Monitorare la pianta e trattare eventuali problemi tempestivamente aiuterà a mantenerla sana e decorativa tutto l'anno.

In conclusione, la Skimmia rappresenta una scelta eccellente per chi desidera una pianta che richieda poca manutenzione ma offra grande valore ornamentale. La sua adattabilità e resistenza ne fanno una pianta ideale sia per i giardini classici che per i contesti più moderni. Con le giuste attenzioni, la Skimmia arricchirà gli spazi esterni per anni, fornendo un continuo contrasto cromatico e arricchendo il paesaggio con un tocco di eleganza senza tempo.

Glossario

A

- **Acidità del Suolo**: La Skimmia predilige terreni con pH acido, idealmente compreso tra 5.0 e 6.0. Questa caratteristica è fondamentale per una crescita sana, poiché il terreno acido facilita l'assorbimento dei nutrienti necessari alla pianta. Un suolo con pH superiore può causare problemi come la clorosi ferrica.

- **Acidofile**: Le piante acidofile, come la Skimmia, necessitano di un suolo acido per prosperare. Altre acidofile che possono essere coltivate insieme alla Skimmia includono le azalee, i rododendri e le camelie, creando combinazioni armoniose e vantaggiose per il giardino.

B

- **Bacche**: Frutti rossi lucidi prodotti dalle piante femminili della Skimmia. Le bacche appaiono a fine estate e permangono durante l'inverno, conferendo alla pianta un valore decorativo notevole. Le bacche della Skimmia sono tossiche e non devono essere ingerite da umani o animali domestici.

- **Bordure**: La Skimmia è comunemente utilizzata come pianta da bordura, grazie al suo portamento compatto e al fogliame denso. Viene piantata lungo sentieri, vialetti o aiuole, e può essere combinata con altre piante sempreverdi o fioriture stagionali per creare effetti visivi ordinati e di grande impatto.

C

- **Clorosi Ferrica**: Problema comune nelle piante acidofile come la Skimmia, causato da una carenza di ferro che si manifesta quando il pH del terreno è troppo alto. I sintomi includono l'ingiallimento delle foglie, con nervature verdi ben visibili. Si può trattare abbassando il pH del terreno o aggiungendo integratori di ferro.

- **Concimazione**: La Skimmia necessita di un concime equilibrato, preferibilmente specifico per piante acidofile. La concimazione dovrebbe essere eseguita in primavera e in autunno per garantire una fioritura abbondante e una buona produzione di bacche.

D

- **Drenaggio**: La Skimmia ha bisogno di un terreno ben drenato per evitare ristagni idrici, che possono causare marciume radicale. È consigliabile utilizzare un substrato che consenta un buon deflusso dell'acqua, specialmente se coltivata in vaso.

E

- **Esposizione**: Questa pianta preferisce posizioni semi-ombreggiate o ombreggiate, ma può tollerare qualche ora di luce diretta, soprattutto nelle prime ore del mattino. Evitare l'esposizione al sole diretto nelle ore più calde, poiché può causare bruciature al fogliame.

- **Erica**: Pianta che, come la Skimmia, preferisce terreni acidi e può essere utilizzata per creare abbinamenti armoniosi in giardino. La combinazione di Skimmia e erica è molto decorativa, specialmente nei giardini autunnali e invernali.

F

- **Foglia Lanceolata**: Le foglie della Skimmia sono di forma lanceolata, lunghe e strette, con una consistenza coriacea. Sono sempreverdi e presentano un colore verde intenso che contribuisce al valore ornamentale della pianta.

- **Fioritura**: La Skimmia fiorisce in primavera, producendo piccoli fiori bianchi o rosati riuniti in grappoli. La fioritura non è particolarmente appariscente ma risulta decorativa e delicata. La pianta emana un leggero profumo durante la fioritura, che attira gli impollinatori.

G

- **Ghiaia o Ciottoli**: Spesso utilizzati alla base della pianta per migliorare il drenaggio e prevenire il contatto diretto del fogliame con il terreno, riducendo così il rischio di marciumi.

- **Giardino Orientale**: La Skimmia, originaria dell'Asia, è spesso inserita in giardini in stile giapponese o orientale. Si abbina bene ad aceri giapponesi, bambù e muschi, creando un effetto zen e rilassante.

I

- **Insetticida Naturale**: Oli vegetali, come l'olio di neem, possono essere utilizzati per contrastare parassiti come gli afidi, senza danneggiare la pianta o l'ambiente circostante.

- **Irrigazione**: La Skimmia richiede un'irrigazione moderata e regolare, soprattutto durante i periodi più caldi. È importante mantenere il terreno umido, evitando ristagni idrici che possono causare marciume radicale.

M

- **Malattie Comuni**: Tra le malattie più comuni che possono colpire la Skimmia ci sono l'oidio, che si manifesta come una patina bianca sulle foglie, e il marciume radicale, causato da un eccesso di acqua o da un drenaggio inadeguato.

- **Marciume Radicale**: Grave condizione che si verifica quando le radici della pianta sono costantemente immerse in acqua. Può essere prevenuto garantendo un buon drenaggio e moderando le irrigazioni.

O

- **Oidio**: Malattia fungina che appare come una polvere bianca sulle foglie e sui germogli della Skimmia. Si sviluppa in condizioni di elevata umidità e scarsa ventilazione. Può essere trattata con fungicidi specifici o zolfo.

P

- **Piante Maschili e Femminili**: La Skimmia è una pianta dioica, quindi esistono esemplari maschili e femminili. Per produrre bacche, è necessario avere almeno un esemplare maschile nelle vicinanze per l'impollinazione.

- **Potatura**: La potatura della Skimmia dovrebbe essere leggera e preferibilmente eseguita alla fine della fioritura. Serve a mantenere una forma ordinata e a stimolare la produzione di nuovi germogli. La potatura non è strettamente necessaria, ma può essere utile per controllare la crescita della pianta.

R

- **Radici**: Le radici della Skimmia sono poco profonde, quindi è importante fare attenzione durante le operazioni di trapianto o potatura. Il sistema radicale è sensibile ai ristagni d'acqua.

S

- **Skimmia Japonica**: La specie più comune e coltivata del genere Skimmia, apprezzata per la sua rusticità, il fogliame sempreverde e i frutti decorativi. È una pianta compatta, adatta a giardini, terrazzi e balconi.

- **Skimmia Reevesiana**: Varietà più compatta della Skimmia Japonica, spesso scelta per giardini di piccole dimensioni o coltivazione in vaso. Non richiede un esemplare maschile per la produzione di bacche, essendo autofertile.

T

- **Terreno Ben Drenato**: Uno dei requisiti fondamentali per la crescita della Skimmia, che non tollera ristagni idrici. Il terreno ideale è ricco di sostanze organiche, con un buon contenuto di humus e un pH acido.

V

- **Vaso**: La Skimmia può essere coltivata anche in vaso, soprattutto nelle varietà compatte. Il vaso deve essere sufficientemente capiente per accogliere le radici e dotato di fori di drenaggio per evitare ristagni idrici.

Z

- **Zen (Giardini Zen)**: La Skimmia è una pianta spesso inclusa nei giardini zen e giapponesi, grazie al suo aspetto elegante e alla capacità di integrarsi armoniosamente con elementi come rocce, acqua e ghiaia.

Index